U0571212

电动自由飞

卢韦军◎主编

安徽师范大学出版社
ANHUI NORMAL UNIVERSITY PRESS

·芜湖·

图书在版编目(CIP)数据

电动自由飞 / 卢韦军主编 .--芜湖 : 安徽师范大学出版社,2024.8.
(我的航模课).--ISBN 978-7-5676-6969-7

Ⅰ. V278-49

中国国家版本馆 CIP 数据核字第 2024C8B587 号

WO DE HANGMO KE DIANDONG ZIYOU FEI

我的航模课——电动自由飞

卢韦军◎主编

责任编辑:吴毛顺　　　　　　责任校对:孔令清

装帧设计:王晴晴　姚　远　　责任印制:桑国磊

出版发行:安徽师范大学出版社

芜湖市北京中路2号安徽师范大学赭山校区　　邮政编码:241000

网　　　址:http://www.ahnupress.com/

发 行 部:0553-3883578　　5910327　　5910310(传真)

印　　　刷:安徽联众印刷有限公司

版　　　次:2024年8月第1版

印　　　次:2024年8月第1次印刷

规　　　格:787 mm × 1092 mm　1/16

印　　　张:5.5

字　　　数:81千字

书　　　号:978-7-5676-6969-7

定　　　价:68.00元

凡发现图书有质量问题,请与我社联系(联系电话:0553-5910315)

《电动自由飞》
编委会

顾 问（按姓氏拼音排序）

冯 锐 国际级运动健将，航海模型F1-V15项目世界纪录保持者

施俊平 高级教练，江西省航模队主教练，国家级裁判员

王士民 高级教练，国家级裁判员

张世光 全国航空航天模型锦标赛总裁判长，国家级运动健将，国家级裁判员

主 编 卢韦军

副主编 任 彬 高 青

编 委（按姓氏拼音排序）

廖 君 梁立如 潘 云

汪邦国 吴嘉豪 钟事金

卢韦军　工程师，启扬航模教育创始人，从事青少年航模教学和研发十余年；航空航天模型国家级裁判员，全国航空航天模型锦标赛裁判员，曾任"飞向北京·飞向太空"全国青少年航空航天模型教育竞赛活动总决赛国派裁判员、项目副裁判长。

写在前面的话

人类的飞行梦想，从模仿飞鸟开始。在早期设计的滑翔机的基础上，莱特兄弟研制出了第一架由飞行员控制动力驱动的飞机——飞行者一号。从此，人类的飞行梦想变成了现实。

百年来，人类从未停止对航空航天的探索。从中国空间站太空家园的建设，到国产C919大飞机开始运营，中国正在由航空航天大国向航空航天强国迈进。为了激发青少年对航空航天事业的热爱，培养更多的航空航天人才，2023年3月10日，体育总局航管中心、中国航空运动协会印发了《航空航天模型课程标准（试行版）》。

航模活动既是一项科技活动，也是一项体育运动。在着力发展素质教育的今天，航模课既能提高学生的技术能力、实践能力，又能提高他们的科学思维能力。使用一些简单的材料和工具，通过自己的操作就可以完成一个个航空航天模型，或静态摆放，或动态放飞，对于孩子们来说是一件非常有趣的事，在锻炼孩子们动手能力的同时，还可以帮助他们拓展知识，树立远大的航空航天梦想。

"我的航模课"以动手操作结合知识拓展，将各种模型的制作和静态展示、调试放飞、操纵和创意设计融入课程中，激发孩子们对航模的兴趣和探索欲望，使他们从中体验航模制作与飞行的乐趣。

"我的航模课"丛书（共12册）只是我们探索航模课程的起点，后续将不断完善课程体系和航模教具。为了更加合理地呈现航模的知识和特点，在考虑孩子们的动手能力、知识体系等因素之后，编者团队开展了大量的调研、论证工作，多次筛选模型教具，提炼模型知识。丛书在创作过程中得到了多位航空、航模教育专家和器材厂家的大力支持和指导，采纳了多位基层航模教练、学校老师的宝贵意见，在此一并表示衷心的感谢！

由于时间仓促、编者能力有限，丛书难免会有错误和遗漏，恳请广大读者批评指正，以便后续修订。

目录

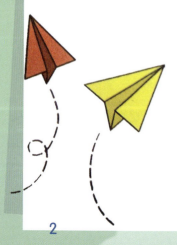

电动飞机 知多少

大家好！又到了我们的航模课堂时间啦！很高兴和大家一起学习"我的航模课"之《电动自由飞》。

电动自由飞？是电动遥控飞机吗？

哈哈，是电动，但不是遥控！电动自由飞是我们航模运动的一个项目。我们将从电动飞机的发展和组成，开始我们的航模课学习之旅！让我们一起自由飞翔吧！

太好了，可以自由飞翔啦！

1

电动飞机的发展和组成

电动飞机的发展

电动飞机是指依靠电动机(以下简称"电机")而不是内燃机或喷气发动机驱动的飞机,电力来源包括燃料电池、太阳能电池、超级电容器、无线能量传输或其他种类的电池等。

工程师很早就开始研究电动飞行试验了,但受限于电池技术和电机性能,航程非常有限。

1957年,"无线电皇后号"电动模型飞机在英国试飞成功,它使用永磁电机和银锌电池组成的动力系统驱动。这是有史料记载的世界上第一架电动飞机。

2009年7月7日,世界上首架利用燃料电池驱动的有人驾驶飞机在德国汉堡升空,实现了二氧化碳零排放。

2010年,瑞士的"阳光动力号"太阳能飞机成功试飞,同年完成了24小时昼夜连续飞行,证明了太阳能飞机昼夜飞行的可行性。2016年7月26日早上8时,当时世界上最大的太阳能飞机"阳光动力2号"成功降落在阿联酋首都阿布扎比机场,人类首次实现太阳能飞机环球飞行壮举!

太阳能飞机在空中飞行

电动螺旋桨飞机的主要组成部分

电动螺旋桨飞机主要组成部分包括电机、动力电池、螺旋桨、机身、机翼、尾翼、起落架等。其中,发动机采用电机,控制系统及其他部分与以内燃机为动力的飞机基本一样。

电动螺旋桨飞机主要组成部分

机翼
电动动力系统
机身

水平尾翼
垂直尾翼
起落架

电动自由飞模型飞机

　　自由飞航模项目是根据国际航联的统一标准制定的一项比赛项目,它的代码是F1。

　　它是指模型飞机在起飞后的全部飞行过程中,放飞者与模型没有直接或间接的物质联系,它的飞行姿态、轨迹,完全是由预先对它各个部位的调整而决定的。模型飞机在空中飞行没有任何约束,就像断了线的风筝,因此称为自由飞。

　　电动自由飞是在青少年中开展的一项航模比赛和科技活动项目,自由飞模型以电机为驱动动力。

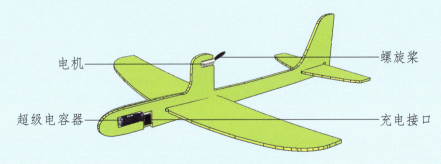

电机
螺旋桨
超级电容器
充电接口

电动自由飞模型飞机(动力组成)

电动自由飞模型飞机分为电容电动自由飞和电池电动自由飞,本

书主要介绍电容电动自由飞模型飞机,它的动力部分由超级电容器、充电接口和电机、螺旋桨组成。

超级电容器和充电接口

电容器是一种储存电荷和电能的元器件,电容的单位是法拉,简称F。超级电容器是一种新型储能装置,它介于传统电容器和充电电池之间,有着极大的容量,完全可以作为电池使用。它具有充电时间短、使用寿命长、温度特性好和绿色环保等特点。

充电接口是焊接在超级电容器上的圆形接口,用于给电容器充电。

2.7 V、5 F超级电容器(充电接口已焊接好)

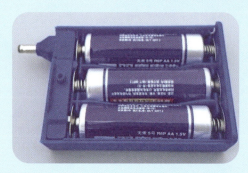

充电电池盒(安装3节5号干电池)

当充电电池盒中电池的电量充足时,插在充电接口上就可以给超级电容器充电了。

电 机

又称马达,是电动自由飞模型飞机的发动机,本书采用的是716型号的空心杯高速电机。716型号是指它的外壳直径为7毫米,高为16毫米。它的转速可以达到 5 万—6 万转每分钟。

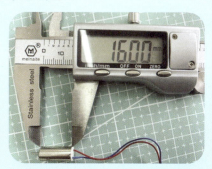

716 型号的空心杯电机

螺旋桨

飞机的螺旋桨是在空气中旋转,将发动机的转动转化为推进力的装置。本书中的模型飞机螺旋桨采用塑料材质、与电机匹配的高速螺旋桨,有两叶桨和四叶桨两种。

两叶桨桨叶较长,适合安装在机头前面,拉着飞机向前飞;四叶桨桨叶较短,适合安装在机身中部和后部,推着飞机向前飞。

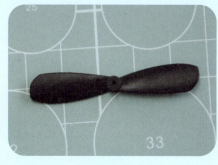

两叶桨   四叶桨

螺旋桨又有正、反桨之分,正、反桨的转向是相反的,如果把顺时针旋转的螺旋桨定义为正桨,那么逆时针旋转的就是反桨。但不管是正桨还是反桨,飞机要向前推进,螺旋桨吹出来的风就一定是向后的,这样才能给飞机一个推进力。

安装时要注意螺旋桨安装方向,最简单的方法是参照两点:一是一般有字的一面朝着机头方向安装;二是螺旋桨转动时,风向机尾的方向吹。

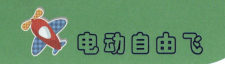

当正反螺旋桨的选用与电机转向不匹配时，风是向机头方向吹的，此时需要借助尖嘴钳、老虎钳或专用工具更换螺旋桨。

飞行前后要检查螺旋桨是否出现破损、变形、残缺等情况，当出现这些情况时，需要借助工具更换螺旋桨。

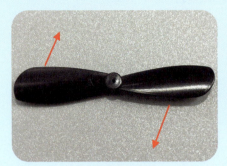
正桨

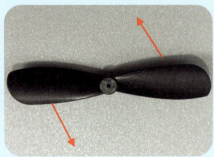
反桨

请找一找正桨和反桨在外形上有什么区别。

电动自由飞模型飞机的电机布局

我们已经知道了电动自由飞模型飞机的发动机是电机，那电机在飞机上是如何布局的呢？电动自由飞模型飞机和真实的飞机一样，可以将电机安装在机头，也可以将电机安装在机背，还可以安装在机尾。

我们根据电机在电动自由飞模型飞机上的安装位置，将电动自由飞模型飞机分为头拉式、背推式、腰推式、尾推式（后推式）。

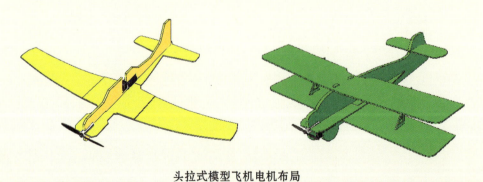
头拉式模型飞机电机布局

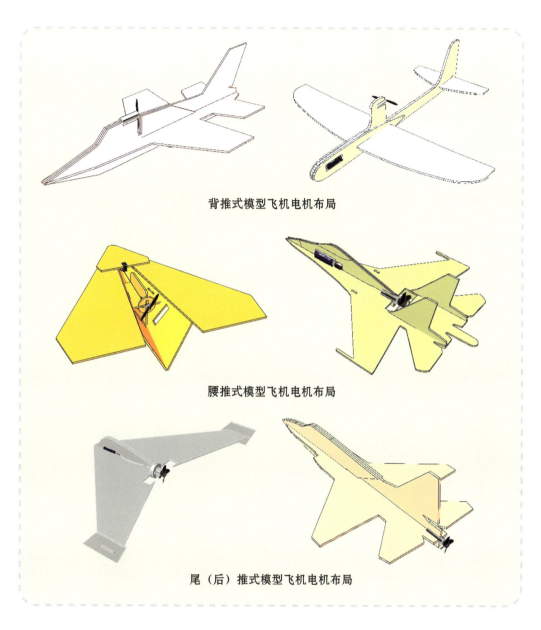

背推式模型飞机电机布局

腰推式模型飞机电机布局

尾（后）推式模型飞机电机布局

电动自由飞模型飞机组装前的知识准备

材料的特性

本书中电动自由飞模型飞机的材料采用的是魔术板。它是一种微孔发泡高分子材料，俗称魔术板，简称MPP。

魔术板

它的优点是柔韧性好,抗拉和抗压强度高,不易折断,耐高温和腐蚀。模型飞机采用合适厚度和密度的魔术板,可以达到设计所需要的刚度。

它的缺点就是相对于其他高分子发泡材料,如KT板来说,魔术板较重,受潮后易变形,价格也较贵。

因此,在模型飞机的材料选择上,我们要充分发挥它的优点,避免受潮,变形后要及时处理。

胶水的使用

在航模制作的模型组装和修复过程中常会用到三种胶,分别是纸胶带、瞬间强力黏合剂(502胶水)、航模专用泡沫胶。

航模制作中胶的使用是必不可少的,但需要使用最少的胶达到最佳的粘合固定效果,既要牢固又要减轻重量,还要尽量美观,避免胶水的痕迹太重,这对航模制作者是一个挑战!

让我们看看本书中使用的三种胶的各自特性,以及如何结合本书中所讲的制作材料合理使用。

(1)瞬间强力黏合剂。我们这里使用的是502胶水,502胶水是液态的,当胶水接触到空气中的微量水汽后快速发生化学反应固化,将需要粘接的材料快速粘接起来。

502 胶水和"鼠尾"

502 胶水非常好用,除了能够快速粘接物体外,粘接处还比较美观牢固,但一定要控制用量,每次只要挤出微量胶水就可以了。

502 胶水具有腐蚀性,特别是泡沫类材料,很容易受到腐蚀,所以魔术板材料用 502 胶水粘接时,特别要控制用量!

为了让大家都能精准地控制 502 胶水的用量,我们给 502 胶水配备了一个小神器——"鼠尾",它细细的管子就像小老鼠的尾巴。它还完美地解决了胶水容易干结的问题,如果顶端的"鼠尾"因为胶水干结堵住了,我们直接将"尾巴"剪掉一小段就可以了。

温馨提示:502 胶水黏性非常大,只要沾上微量的胶水,手指很快就粘在一起了,人称"粘手小能手"。不过不用怕,如果一不小心被胶水粘住手指,先尝试慢慢地用力分开。如果感觉痛分不开,不要着急,可以用温水泡几分钟,自然就分开了,千万不可以强行撕扯导致脱皮。

502 胶水具有刺激性,在开瓶及使用过程中,要特别注意避免胶水使用不当溅入眼睛,所以使用时强烈建议戴好防护眼镜。如不慎溅入眼睛,立即用水清洗,然后及时就医!

防护镜

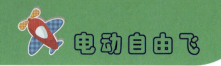

（2）航模专用泡沫胶。航模专用泡沫胶是一种黏稠状的胶水，它主要用来粘接泡沫材料，不同配比的泡沫胶与空气接触后几分钟内会粘合牢固。它的特点是不易老化，胶水完全固化后非常牢固，是粘合泡沫材料的最佳选择。

航模专用泡沫胶和涂胶工具

但对于小朋友来说，泡沫胶的使用较为麻烦，一不小心就会粘在手上或衣服上。虽然没有刺激性，但黏乎乎的感觉真是不好受。不过耐心地等几分钟，再用手搓一搓，泡沫胶就像"面条"一样脱落了。

泡沫胶的使用要控制好用量，只要薄薄的一层就可以了。为了方便使用，航模教练为使用它的人配备了使用神器——"软毛刷"和"硬木片"。使用时只要用"神器"蘸取少量的胶水涂抹就好了，用完要记得及时盖紧瓶盖，不然下次就变成"胶坨坨"了！

（3）纸胶带。纸胶带是本书介绍的三种胶中最方便使用的固体胶带，用多少剪多少，主要用于将两种配件粘合固定或缠绑在一起。它的优点是粘合方便，清除也方便，但纸胶带不能将两个配件无缝地粘接起来。

宽1厘米纸胶带

总之,三种胶各有优点和缺点,我们要扬长避短,科学地组合使用。通过不断的实践,相信你的用胶技能会更熟练,制作的模型也更加精良!

电动自由飞模型飞机的常见飞行轨迹

(1)先盘旋上升,后滑翔降落。此种飞行是飞机起飞时在动力和升力作用下爬升,并做盘旋动作,当动力停止后,开始下降滑行。此种为常规飞行,滞空时间一般较长。

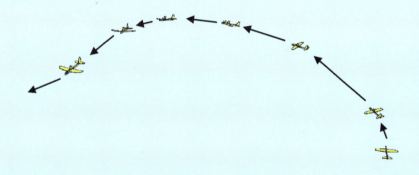

(2)先爬升改出,后滑翔降落。此种飞行是飞机获得充足的动力后进行大仰角爬升,到达一定高度后动力减弱,飞机自动改为平飞后慢慢下滑降落。

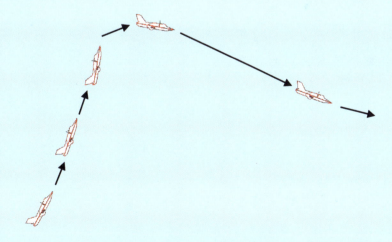

(3)先筋斗改出,后滑翔降落。此种飞行是飞机的升力过大使得机头仰角超过了90度,随着速度变慢升力变小,飞机开始平飞,慢慢滑翔降落。

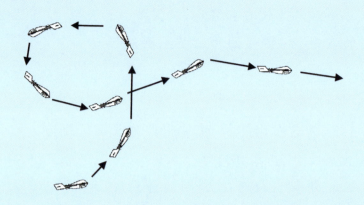

（4）先特技飞行，后滑翔降落。此种飞行是起飞时动力充足，在反扭力和重心后移的多重作用下机头抬起并做滚转动作，看起来像"吊机"一样。当动力减弱时，反扭力也随之减弱，飞机自动改为平飞或盘旋飞行。此种飞行最为复杂，有时有多种动作组合，带来各种挑战和乐趣。

上面所介绍的飞行轨迹为本书中模型飞机的常见飞行轨迹，调试时可以参照并思考实现的方法。

涂 装

飞机的涂装是一项充满乐趣而又重要的工作，好的涂装可以增加飞机的美观度和提高在空中的识别度。漂亮的涂装使我们的模型飞机看起来更有质感和有趣。根据你的美术知识给你的模型飞机穿上你喜爱的外衣，让它在空中划出更加美丽的航迹吧！

以下是本书中的电动自由飞模型飞机的涂装参考，期待你有更加酷炫的作品哦！

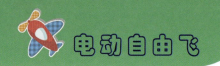

模型一
背推式电动飞机

大家好！今天我们就要开始学习电动自由飞模型飞机的制作和飞行了，我首先向大家提一个简单的问题。

教练，您说！我们肯定会！

那好，请问飞机的基本组成部分有哪几样？

我知道，飞机的基本组成部分包含：机身、机翼、水平尾翼、垂直尾翼和起落架。

非常棒！这是常规布局飞机的五大组成部分，可是还缺了一样非常重要的组成部分，是什么？

嗯……是发动机？

很棒，就是发动机，今天我们就来制作一架采用电机为动力的背推式电动飞机，让我们开始吧！

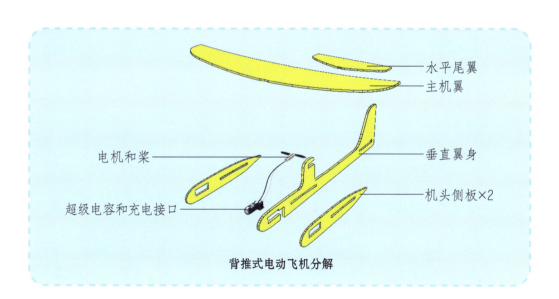

水平尾翼
主机翼
电机和桨
垂直翼身
机头侧板×2
超级电容和充电接口

背推式电动飞机分解

15

模型制作

第1步

　　将超级电容组件和电机分别卡进下图中红色箭头所指的位置。注意充电接口向下。

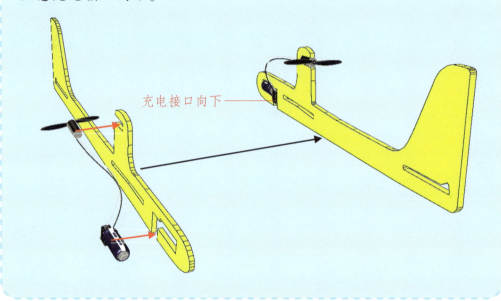

充电接口向下

第2步

　　剪下一段宽1厘米的纸胶带,如下图将电机和线粘住。

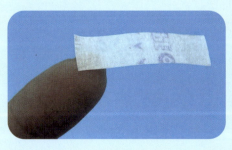
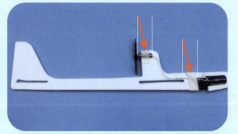

第3步

取出主机翼，两端向上对称弯曲，插入箭头所指的榫槽内，将榫槽卡在主机翼的缺口位置。

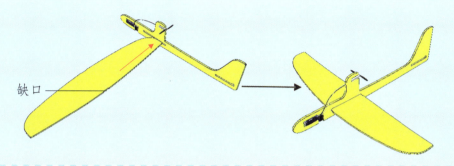

缺口

第4步

取出两片机头侧板，注意两片侧板的方向和正反，分别从机翼的两端穿进去，对齐机头位置并靠紧机身。

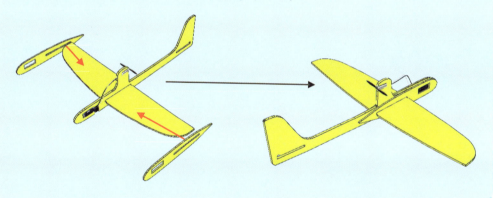

第5步

剪下几段宽1厘米的纸胶带，如右图将机头侧板与机身缠绕粘紧。

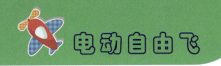
电动自由飞

第6步

　取出水平尾翼,插入箭头所指的榫槽内,将榫槽卡在水平尾翼的缺口位置。

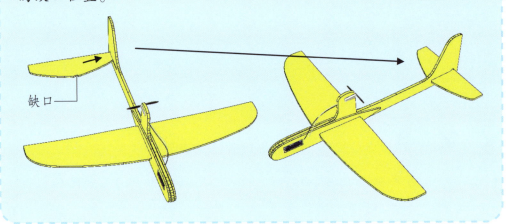

缺口

第7步

　制作完成,检查飞机的每个部件安装是否正确,接下来就可以准备试飞啦!

模型试飞

第**1**步

　　平抛飞机,观察飞机是否能正常滑翔飞行。如果出现抬头、低头、左右偏转的现象,就需要像调试手抛机一样调整飞机的水平尾翼和垂直尾翼,直到飞机能够平直滑翔飞行。

抛飞手势

调整水平尾翼

调整垂直尾翼

第2步

给电池盒装上3节5号充电电池。

第3步

给飞机充电，先小动力试飞，断电后迅速将飞机出手。注意第一次试飞时千万不要充电太久，一般3—5秒即可，观察飞机的飞行姿态，可适当调整水平尾翼和垂直尾翼。

充电位置及手势

1.如果飞机爬升角度或下降角度太大，需要调整飞机的水平尾翼。当飞机爬升角度太大或筋斗飞行时，需要将水平尾翼略微向下调整。当飞机下降角度太大或直接坠地时，需要将水平尾翼略微向上调整。

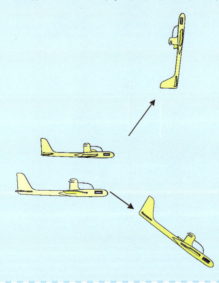

2.如果飞机向左或向右转弯过急,需要调整飞机的垂直尾翼。当飞机向左转弯过急时,需要将方向舵向右调整;反之则将方向舵向左调整。

第4步

根据场地情况,调整飞机盘旋角度,每次调整幅度要小。

第5步

根据空间大小,给飞机充电,延长飞行时间,让飞机爬升更高,飞得更久。

飞行记录

1.记录充电时间和飞行时间,根据飞行的情况对飞机进行调整并记录调整措施。

表1-1　飞行记录表

飞行次数	充电时间	飞行时间	调整措施
1			
2			
3			
4			
5			
6			

2.探究:为什么飞行次数越多,充电时间越长,动力反而变弱了?

知识拓展

滑翔机是飞机吗

你见过外形和飞机一样,有一对固定的机翼而不需要动力飞行的飞机吗？它会像老鹰一样滑翔而不需要额外的动力,这就是滑翔机。

滑翔机是一种没有发动机提供动力的飞行器,虽然它比空气重,但可以在空中飞行,甚至上升。在飞行中,滑翔机依赖重力在下滑过程中获得前进动力,这种方式称为滑翔。滑翔机通常具有固定的翼型,一般有较长的翼展。机翼由轻质材料制成,可以为滑翔机提供很大的滑翔比。

有些滑翔机装有小型发动机(称为动力滑翔机),但这些发动机主要是用于起飞阶段以获得初始高度,而不是用于持续飞行。

滑翔机可以通过不同的方式起飞,如飞机拖曳、绞盘车或汽车牵引,或从高处斜坡滑下。

虽然滑翔机与飞机在外观上相似,但飞机是依靠发动机提供动力起飞和持续飞行,所以二者的动力来源和升空方式都不相同,因此滑翔机不是飞机。

飞行中的滑翔机

模型二
腰推式电动纸飞机

大家好！请问谁会折纸飞机？

啊？教练，不会吧，谁不会折纸飞机？

哈哈，确实，大家应该都会折纸飞机，那我们换一个问题？

嗯，您请问！

纸飞机通常都是什么造型？有什么样的特征呢？

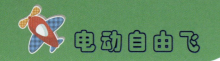
电动自由飞

嗯……头尖尖的，
机翼大大的，
机翼轮廓是一个三角形，和机身连成一体，
机头要反复地折，比较重。

很不错，总结得很好！今天我们就来
制作一架电动纸飞机吧！

纸飞机？不会吧，我们不是要
做电动自由飞飞机吗？

是的，今天要做的电动纸飞机外形像纸飞机，所
以就俗称电动纸飞机了，但它采用的是高分子材料。
你们仔细观察一下，这个电动纸飞机和你们折的纸飞
机有什么不同！

太好了！快开始吧！

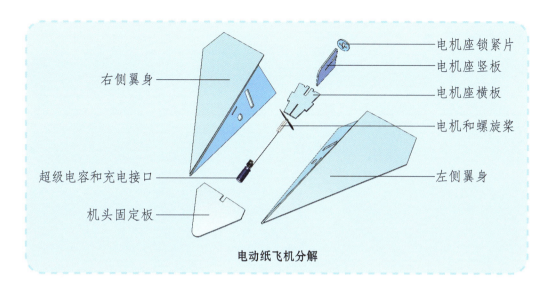

右侧翼身

电机座锁紧片
电机座竖板
电机座横板

电机和螺旋桨

超级电容和充电接口

左侧翼身

机头固定板

电动纸飞机分解

模型制作

第1步

取出两组翼身，如下图将两组翼身拼接在一起，用宽1厘米纸胶带将两组翼身中缝粘起来，尽量粘平，并把这一面作为正面。

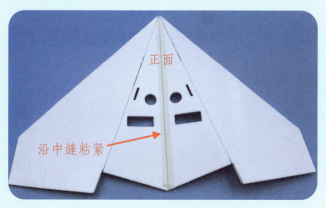

正面

沿中缝粘紧

第2步

将组装好的翼身翻过来,如下图在两边翼身的接缝处用同样的方法用胶带粘紧。

反面

将两侧接缝粘紧

第3步

取出电机座竖板和横板,如右图交叉组合起来。

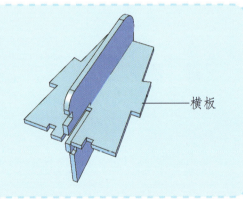

横板

第4步

取出电容电机组件,如右图将电机卡进电机座。

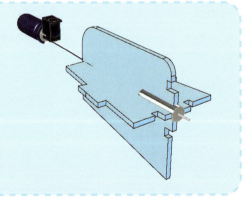

第5步

取出电机座锁紧片，如右图卡进电机座，将电机锁紧。

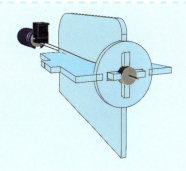

第6步

将组装好的电机座、电容电机组件与组装好的翼身放在一起，如下图将电机座横板的两个榫头对准翼身的卯孔卡进去，注意电机和电机座的方向和位置，不要放反。

平的一边向上

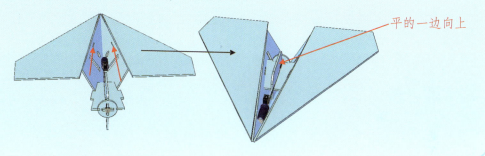

第7步

取出机头固定板，将翼身、机头位置对齐，如下图将翼身和机头固定板用纸胶带粘绑在一起，尽量贴平贴紧（用双面胶或泡沫胶粘住）。然后将电容充电接口卡进固定板的缺口处，如果不牢固，需要用微量泡沫胶辅助固定，注意不要让胶水进入充电接口内。

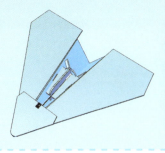 

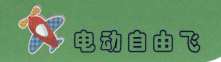

第8步

取出四叶桨,将桨叶有字的一面朝向机头方向,安装到电机轴上。安装完成,检查一下飞机,就可以准备试飞了。

模型试飞

第1步

平抛飞机,观察飞机是否能正常滑翔飞行。如果出现抬头、低头、左右偏转的现象,需要像调试纸飞机一样调试飞机的机翼后缘,直到飞机能够平直滑翔飞行。

抛飞手势

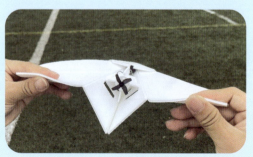
调整机翼后缘

第2步

给飞机充电，小动力试飞。注意第一次试飞时千万不要充电太久，一般3—5秒即可，观察飞机的飞行姿态，对飞机进行调试。

充电位置及手势

1.如果爬升角度或下降角度太大，需要调整飞机的机翼后缘，同时上下调整。当飞机爬升角度太大或筋斗飞行时，需要将机翼后缘同时略微向下调整。当飞机下降角度太大或直接坠地时，需要将机翼后缘同时略微向上调整。

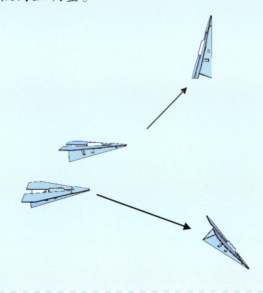

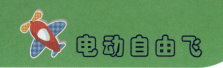
2.如果飞机向左或向右转弯过急,需要调整飞机的机翼后缘,同时一上一下调整。当飞机向左转弯过急时,需要将左边机翼后缘向下调整;反之则将右边机翼后缘向下调整。

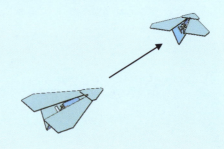

第**3**步

根据场地情况,调整飞机盘旋角度,每次调整幅度要小。

第**4**步

根据空间大小,给飞机充电,延长飞行时间,让飞机爬升更高,飞得更久。

飞行记录

1.记录充电时间和飞行时间,根据飞行的情况对飞机进行调整并记录调整措施。

表2-1 飞行记录表

飞行次数	充电时间	飞行时间	调整措施
1			
2			
3			
4			
5			
6			

2.探究:给电动纸飞机装上两叶桨,充电相同的情况下,观察对比飞行时间有什么区别?

 知识拓展

认识三角翼飞机

　　我们本节课制作的纸飞机有一个什么样的特征呢?它的机翼轮廓是不是一个大大的三角形?我们把机翼俯视平面形状呈三角形的飞机称作三角翼飞机,三角翼飞机是机翼前缘后掠、后缘基本平直。

　　三角翼飞机的机翼重量轻、刚度好,有利于收置起落架,安放燃油箱和其他设备,适合超音速飞行的飞机设计。大名鼎鼎的三角翼飞机有歼-8、米格-21、"幻影"Ⅲ型歼击机和"协和号"超音速客机等,你还知道哪些三角翼飞机呢?

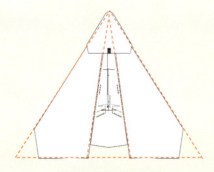

纸飞机俯视平面形状

"协和号"超音速客机

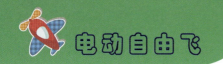

模型三
后推式电动飞翼

教练，今天我们制作什么电动自由飞模型飞机呢？

不要着急，先回答我一个问题，飞机的主要组成部分有哪些？

这个简单，以前都讲过好多次了！机身、机翼、尾翼、起落架和发动机，尾翼又分为垂直尾翼和水平尾翼。

真棒，那大家有没有见过既没有垂直尾翼，也没有水平尾翼的飞机。

啊？无尾布局的飞机就算没有水平尾翼，但至少有垂直尾翼吧！

是的，今天我们就要制作一款没有尾翼的电动自由飞飞机，我们称为飞翼，你们要仔细观察哦！

好的！

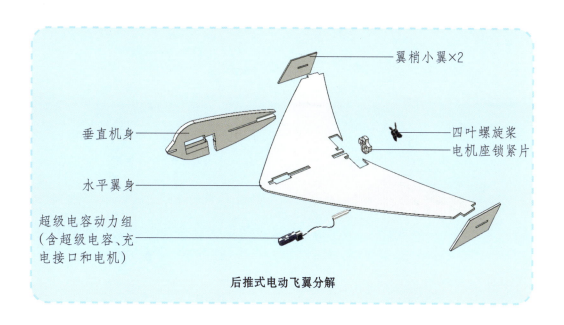

翼梢小翼×2

垂直机身

四叶螺旋桨

电机座锁紧片

水平翼身

超级电容动力组（含超级电容、充电接口和电机）

后推式电动飞翼分解

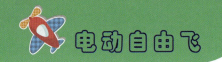

 模型制作

第1步

取出垂直机身和水平翼身,如下图将垂直机身向后插入水平翼身的卡槽内,再将水平翼身的机头部位卡进垂直机身的机头卡槽。

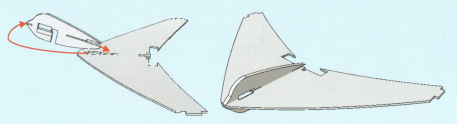

第2步

取出超级电容动力组,如下图先将电容和充电接口塞进机头的卡槽内,再将电机卡进电机座内,注意将电机线捋顺,不要用力拉扯。

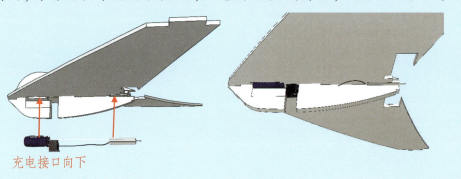

充电接口向下

第3步

取出电机座锁紧片,如下图将机身的榫头同时卡进锁紧片的卡槽内。

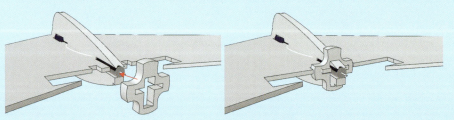

第4步

取出螺旋桨,如下图将螺旋桨有字的一面朝向机头,卡进电机轴。

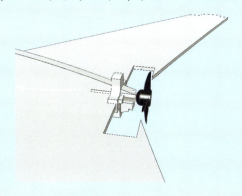

第5步

取出两片翼梢小翼,如下图卡到机翼的两端。

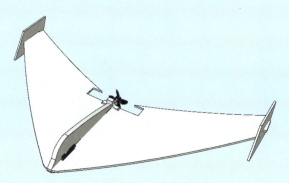

第6步

安装完成,将机翼向上对称弯折,再仔细检查飞机,包括线路,就可以去试飞啦!

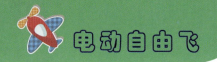

 模型试飞

第1步

给机头贴上配重贴，尝试平抛飞机，观察飞机是否能正常滑翔飞行。如果出现抬头、低头、左右偏转的现象，需要像调试前面的电动纸飞机一样，调试飞机的机翼后缘（升降副翼），直到飞机能够平直滑翔飞行。

机头配重

抛飞手势

调整升降副翼

第2步

　　给飞机充电,先充电3—5秒,小动力试飞,再按照前面的方法根据飞机的飞行姿态进行细调。当飞机调出最佳状态时,给飞机延长充电时间,测试最长滞空时间。

充电位置及手势

飞行记录

　　1.记录充电时间和飞行时间,根据飞行的情况对飞机进行调整并记录调整措施。

表3-1　飞行记录表

飞行次数	充电时间	飞行时间	调整措施
1			
2			
3			
4			
5			
6			

　　2.探究:从飞翼起飞到落地,整个飞行出现了几个不同的阶段呢? 请把轨迹画出来!

天空中飞行的飞翼

 知识拓展

认识飞翼布局飞机

　　"我的航模课"系列课程中,我们学过飞机的气动布局。气动布局是指飞机上机翼和尾翼的分布位置和布局方式,常见的有:常规布局飞机,如波音737客机;鸭式布局飞机,如歼-10、歼-20;三翼面布局飞机,如歼-15;无尾布局飞机,如幻影-2000;还有一种翼身融合的飞翼气动布局,如B-2战略轰炸机。那飞翼布局的飞机有哪些特点呢?

　　飞翼的特点是没有水平尾翼和垂直尾翼,没有传统飞机上的明确

飞行中的B-2战略轰炸机

机身结构,乘员设备、有效载荷通常都置于机翼内部,使整个飞机看起来就像一个巨大的"翅膀",所以称为飞翼。飞翼布局的优点很多,整个飞机的机体都可以提供升力,而简化的结构又可以减小阻力,这使得飞翼的空气动力学性能非常优秀,还具有较好的隐身性能。

　　但飞翼布局的飞机面临着稳定性和操纵性的挑战,不过计算机控制技术发展很快,电子技术和飞行控制系统的问题得到了解决。所以,飞翼布局的飞机在计算机辅助驾驶系统的帮助下能让飞行员更加轻松。

　　想一想,你还知道哪些飞翼布局的飞机呢?

模型四
头拉式电动战斗机

大家好，你们知道早期的战斗机的发动机都在哪个位置吗？

电影里早期的战斗机的发动机都在机头。

非常好！早期的战斗机，发动机都安装在机头位置，那大家知道为什么吗？

应该是放在机头能更好散热吧！

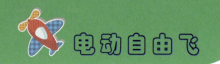

其他位置也不好安装啊，设计肯定很困难！

回答得非常好，发动机安装在机头，比较容易散热，重心靠前也容易设计。你们观察很仔细，而且动了脑筋思考！本节课我们就来制作一架头拉式电动战斗机吧！

太好了！

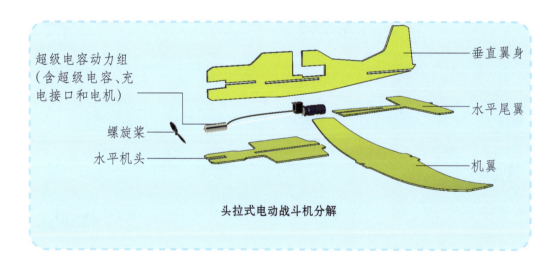

超级电容动力组（含超级电容、充电接口和电机）

螺旋桨

水平机头

垂直翼身

水平尾翼

机翼

头拉式电动战斗机分解

模型制作

第1步

取出垂直翼身和水平机头,如下图将它们交叉卡接在一起。

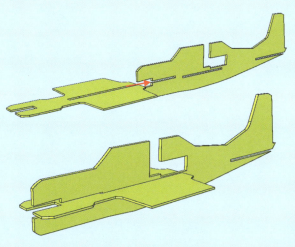

第2步

取出超级电容动力组,如下图先将电容和充电接口塞进垂直翼身的卡槽内,再将电机卡进机头的电机座内,注意将电机线捋顺,不要用力拉扯。

充电口向上

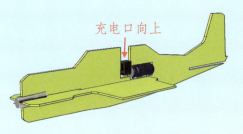

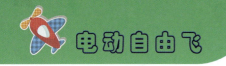

第3步

　　剪下一段宽1厘米的纸胶带,如下图将电容粘紧在垂直翼身上,并向电机座的卡槽缝内滴入微量的502胶水,注意胶水不要渗到电机内部。

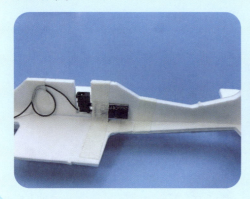 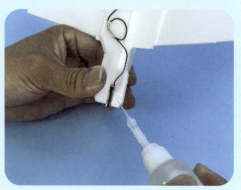

第4步

　　取出水平尾翼,如下图将水平尾翼交叉插入垂直翼身。

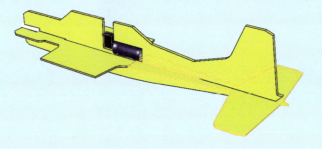

第5步

　　取出机翼,两端对称稍向上弯折,如下图将机翼穿进机身的安装卡槽至中间缺口位置。

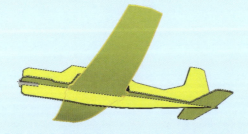

第6步

取出泡沫胶,如下图在机翼与水平机头接合处涂抹微量泡沫胶固定(或用纸胶带粘住)。

第7步

取出螺旋桨,如下图将螺旋桨有字的一面朝向前方,卡进电机轴。

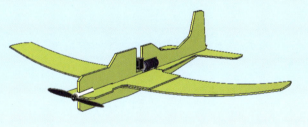

第8步

安装完成,将机翼向上对称弯折,再仔细检查飞机,包括线路,就可以去试飞啦!

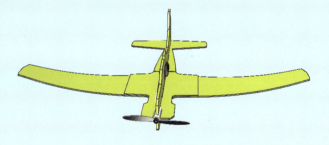

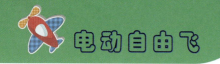

模型试飞

飞行步骤和调试方法与背推式电动飞机一样，这里不再重复，充电时用手捏住充电接口，注意充电手势。

飞行记录

1.记录充电时间和飞行时间，根据飞行的情况对飞机进行调整并记录调整措施。

表4-1 飞行记录表

飞行次数	充电时间	飞行时间	调整措施
1			
2			
3			
4			
5			
6			

2.探究：通过飞行，你发现头拉式电动战斗机的优缺点有哪些呢？

知识拓展

飞行学员的亲密伙伴——教练机

　　小朋友们,你们知道一位成熟的飞行员是怎么成长起来的吗? 飞行员训练是一个复杂而系统的过程,包括基础理论学习、体检与适应性训练、模拟飞行训练、实飞训练、持续培训与复训以及心理素质训练等环节。正是这些严格的训练和持续的努力,才造就了翱翔于蓝天白云之间的英勇飞行员,为祖国的蓝天保驾护航。

　　大家向往的实飞训练离不开教练机,教练机就是专门为培训飞行学员设计或改装的飞机。训练飞行员的教练机设有前后2个座舱或在1个座舱里并排设2个座椅,有2套互相联动的操纵机构和指示仪表,分别供教练员和学员使用。教练机要求廉价、耐用、容易操纵,为了更适用于初学学员,需要经得住"粗暴"操作。

　　教练机分初级、中级和高级三种。初级教练机(简称"初教")担负新学员的最初飞行训练任务,包括起飞、着陆、目视飞行等,还有一个很重要的任务就是筛选出有前途的学员。中级教练机(简称"中教")用于训练已经具有初步飞行技能的学员,用来训练队列飞行、仪表飞行等。高级教练机(简称"高教")用于飞行学员训练的最后阶段,用来训练复杂气象飞行、简单战术动作等。

螺旋桨式初级教练机

喷气式高级教练机

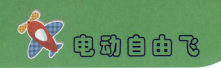

头拉式电动双翼运输机

大家好，在"我的航模课"丛书中你们学过双翼飞机吗？

学过啊，有冯如1号飞机，还有纽波特-17战斗机，可那都是静态模型，不能飞的！

哦，不要着急，今天我们就制作一架能飞的电动双翼运输机模型飞机。

双翼运输机？

是的，今天我们制作一架以我国自主研发生产的运－5运输机为原型的头拉式电动双翼运输机。

运－5运输机，我知道，号称空中拖拉机，现在还可以帮助农民伯伯撒播种子呢！

是的，非常棒，尽管运－5运输机服役已有65年之久，但它飞行稳定、运行费用低廉，仍是中国最常见的运输机。下面我们开始制作吧！

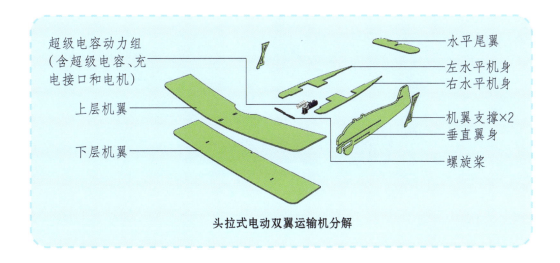

头拉式电动双翼运输机分解

 模型制作

第1步

取出左右两片水平机身和垂直翼身,如下图将它们组装在一起。

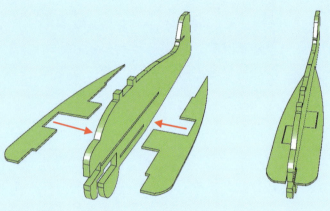

第2步

剪下一段宽1厘米的纸胶带,如下图将左右两片水平机身接缝粘紧。

第 **3** 步

取出超级电容动力组,如下图先将电容和充电接口塞进垂直翼身的卡槽内,再将电机卡进机头的电机座内,注意将电机线捋顺,不要用力拉扯。

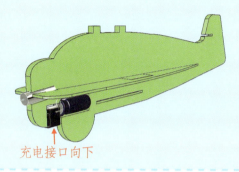

充电接口向下

第 **4** 步

剪下一段宽1厘米的纸胶带,如下图将电容在垂直翼身上粘紧,并向电机座的卡槽缝内滴入微量的502胶水,注意胶水不要渗入电机内部。

第 **5** 步

取出下层机翼,两端对称向上弯折,如下图将下层机翼穿进机身下方的安装卡槽至中间缺口位置。

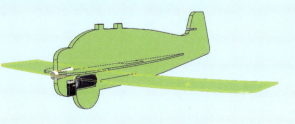

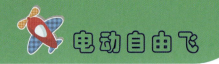
第6步

　　取出上层机翼,两端对称稍向上弯折,如下图将上层机翼中间的两个卯孔与垂直翼身背部的两个榫头对齐卡紧。

第7步

　　取出两片机翼支撑,如下图在支撑位置涂抹微量的泡沫胶,然后对齐下层机翼的卯孔位置,将上下机翼连接在一起(或用少量502胶水粘接)。

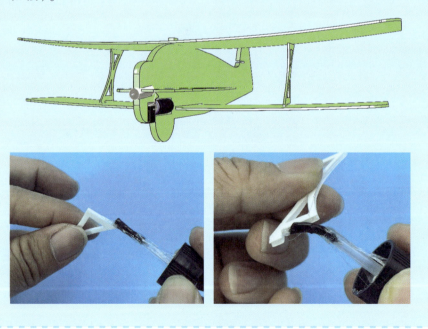

模型五　头拉式电动双翼运输机

第8步

取出水平尾翼,如下图卡进垂直尾翼的榫槽。

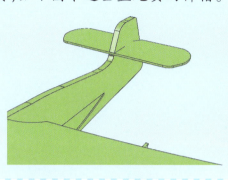

第9步

取出螺旋桨,如下图将螺旋桨有字的一面朝向前方,卡进电机轴。

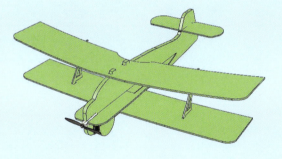

第10步

安装完成,将机翼向上对称弯折,再仔细检查飞机,包括线路,就可以去试飞啦!

51

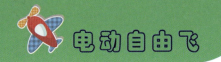

 模型试飞

　　头拉式电动双翼运输机与头拉式电动战斗机的飞行步骤和调试方法一样,这里不再重复,注意起飞前再将双翼向上弯曲,保持上反角度。注意充电位置和充电手势。

充电位置及手势

抛飞手势

调整水平尾翼

飞行记录

1.记录充电时间和飞行时间,根据飞行的情况对飞机进行调整并记录调整措施。

表5-1 飞行记录表

飞行次数	充电时间	飞行时间	调整措施
1			
2			
3			
4			
5			
6			

2.探究:机翼调整上翘后对飞机的飞行性能产生了什么影响?

知识拓展

早期的飞机为什么采用双翼或三翼呢?

大家在学习飞机的发展史时发现了一个现象,那就是从莱特兄弟发明"飞行者1号"开始,早期的飞机都采用两层或三层机翼,如"冯如1号"飞机、纽波特-17战斗机,还有德国的HS123俯冲轰炸机、美国的霍克-3型战斗机都采用了两层机翼设计,第一次世界大战中最著名的福克DR-1还采用了三层机翼设计。你还知道哪些双翼或三翼设计的飞机吗?

随着航空技术的发展,设计师基本上采用单层机翼,这是为什么呢?

飞机发展初期,发动机功率低、重量大,建造机体的材料大多是木材和蒙布。为解决升空问题,需要较大面积的机翼,以便在低速条件下产生足够的升力。双翼飞机有两个翼面,机翼总面积较大。随着人们对飞机速度的要求不断提高,多层机翼及支柱的阻力越来越大,成

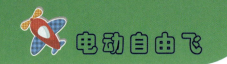

为提高速度的主要障碍。而航空发动机的功率越来越大,加上航空材料及设计技术等的快速发展,双层机翼甚至三层机翼的设计反而成了阻碍。所以在现代的飞机中,除对载重量和低速性能有特殊要求的小型飞机外,双翼飞机已很少见了。你明白了吗?

飞行中的双翼飞机

模型六
背推式电动战斗机

大家好，又到了航模课时间，老规矩，先提一个问题好吗？

当然可以，教练，您请问！

现代的战斗机和早期的战斗机在外观上有什么主要区别？

我知道！现代战斗机的头是尖的，机翼都呈后掠形状。

电动自由飞

总结得非常好，那为什么要这样设计呢？

因为在超音速飞行时，可以减小阻力！

太棒了！回答得非常好！今天，我们就来制作依照现代战斗机外形设计的背推式电动自由飞战斗机。让我们开始吧！

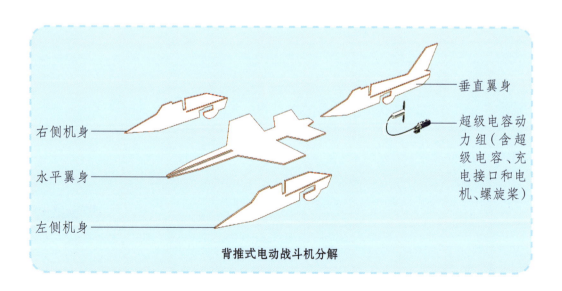

右侧机身

水平翼身

左侧机身

垂直翼身

超级电容动力组（含超级电容、充电接口和电机、螺旋桨）

背推式电动战斗机分解

模型制作

第1步

　　取出左右两侧的机身,如下图在两片机身的对称面涂抹少量的泡沫胶,注意不要产生胶水的堆积,将涂抹好泡沫胶的机身如下图放置后进行下一步。魔术板配件的红色框线内区域必须涂抹。

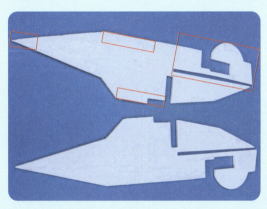

第2步

　　取出垂直翼身,如下图将涂抹好泡沫胶的两片机身分别与垂直翼身对齐粘合在一起,可借助手指将三片机身快速调整对齐。

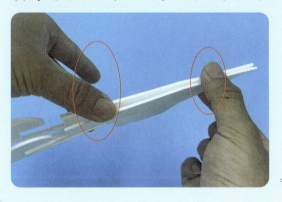
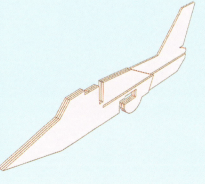

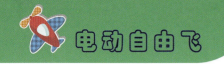
第3步

　　取出超级电容动力组,如下图先将电容和充电接口塞进垂直翼身的卡槽内,用纸胶带固定。再将电机卡进机头的电机座内,在接缝处滴入少量502胶水并用纸胶带固定,注意将电机线捋顺,不要用力拉扯。

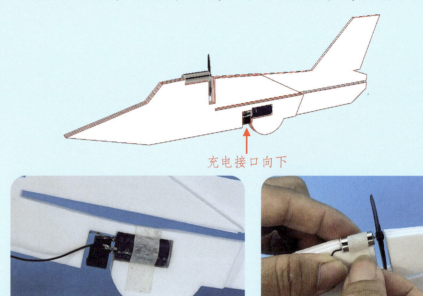

充电接口向下

第4步

　　取出水平翼身,如下图将水平翼身交叉插入垂直翼身,然后在机头和机尾的接缝处滴入少量502胶水粘接(或用少量泡沫胶粘接)。

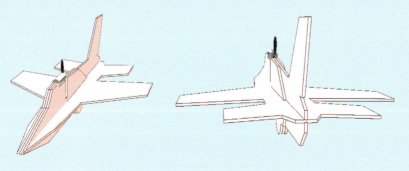

第5步

安装完成,仔细检查电机线路和机身粘接处是否松脱,一切正常就可以去试飞啦!

 模型试飞

第1步

尝试平抛飞机,观察是否能正常滑翔飞行。

抛飞手势

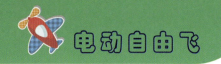

如出现下面的情况，根据图解进行调整：

1.飞机出现俯仰不平衡、向上抬头或低头角度过大的现象，应调整水平尾翼。

当飞机出现低头或直接坠地时，将水平尾翼同时向上调，反之则向下调。

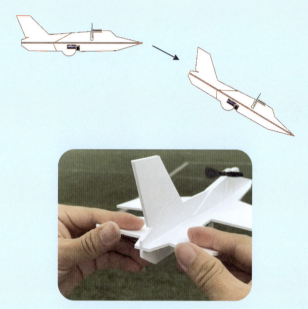

2.飞机出现向左或向右偏航角度过大的现象，应调整垂直尾翼。

当飞机出现向左偏航的现象，将垂直尾翼向右调，反之则向左调。

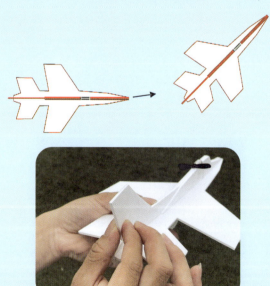

3.飞机出现向左或向右滚转角度过大的现象,应调整机翼后缘（副翼）。

当飞机出现左滚转的现象,将右机翼后缘向上调,左机翼后缘向下调,反之则左上右下。

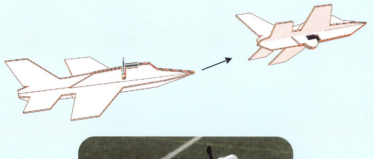

右副翼向上

第2步

给飞机充电,小动力试飞,注意捏住充电位置,避免充电接口脱焊损坏。

第3步

根据场地情况,对飞机进行飞行姿态调整,给飞机充电,延长飞行时间。可以尝试让战斗机在空中做盘旋、筋斗和横滚动作。

飞行记录

1.记录充电时间和飞行时间,根据飞行的情况对飞机进行调整并记录调整措施。

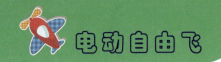

表6-1　飞行记录表

飞行次数	充电时间	飞行时间	调整措施
1			
2			
3			
4			
5			
6			

2.探究：调整垂直尾翼和副翼对飞机的飞行姿态有什么影响？

 ## 知识拓展

推重比对飞机性能的影响

　　小朋友们，通过学习我们知道飞机之所以能飞起来，离不开四个力的作用，它们分别是推（拉）力、重力、升力和阻力。其中，推力是发动机产生的力，重力是飞机本身受地球引力所产生的力。简单地理解，发动机所产生的推力和飞机重量（重力）的比值称为飞机推重比。

滑跃起飞的舰载机

　　工程师在设计飞机的结构和搭配飞机的发动机时，会考虑飞机的推重比。因为推重比对飞行性能有显著影响，会影响飞机的最大平飞速度、爬升率、升限和机动性。推重比越高，飞机的加速、爬升和转弯性能越好，能够达到的最大高度越高。一般来说，战斗机的推重比较高，轰炸机和其他大型飞机的推重比较低。

　　如果一架舰载机以26.5吨的起飞重量从105米跑道滑跃起飞，其两台发动机，单台可提供12.8吨，共25.6吨的推力，你能算出它的推重比大约是多少吗？

模型七

腰推式电动战斗机

大家好，我们已经制作了一款背推式电动战斗机，是不是特别好飞？

是的，还能做特技动作，非常棒！

再向大家提一个问题，军事杂志上经常介绍各种战斗机，有的是单垂直尾翼，有的是双垂直尾翼，你们知道它们有什么区别吗？

轻型和中型战斗机、客机好像都是采用单垂直尾翼，重型战斗机都采用双垂直尾翼。

电动自由飞

嗯，那你能举出几个例子吗？

像我国的歼-10、枭龙、L-15教练机和C919客机都采用单垂直尾翼，而歼-15、歼-20和歼-16都采用双垂直尾翼。

非常棒！简单地说，飞机的转向是通过垂直尾翼上的舵面来控制的，如果飞机较轻，那一个垂直尾翼就足够了。或者像民用航空飞机那样，不需要在空中做大的机动，也不需要两个垂直尾翼。但飞机很重，要挂载的东西也很重，那一个垂直尾翼可能就不够用了，需要两个垂直尾翼来分担。一个垂直尾翼虽然有重量轻、阻力小和结构更简单的优点，但从稳定性和安全性以及气动性能上来说，就比不上双垂直尾翼了。这些知识，我们以后再慢慢学习。今天我们来制作一架依照双垂直尾翼战斗机外形设计的电动自由飞战斗机，它采用腰推式，现在开始制作吧！

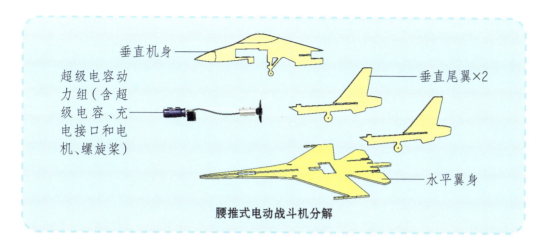

垂直机身

超级电容动
力组(含超
级电容、充
电接口和电
机、螺旋桨)

垂直尾翼×2

水平翼身

腰推式电动战斗机分解

模型制作

第1步

取出垂直机身和超级电容动力组,如下图首先将电容动力组卡
进垂直机身的卡槽,再用纸胶带粘贴固定。

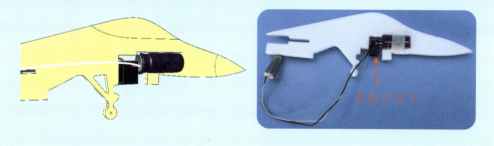

充电口向下

第2步

取出水平翼身,如下图先将水平翼身与垂直机身卡接组装起来,
再将电机卡进机身中部的电机座内,注意将电机线捋顺,不要用力拉扯。

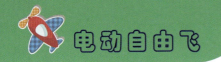

第3步

如下图向机头和电机座的卡槽缝内滴入微量502胶水,注意胶水不要渗入电机内部。

第4步

取出螺旋桨,确认方向,如下图将螺旋桨卡进电机轴。

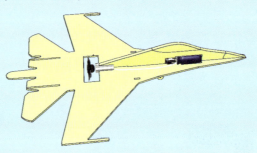

第5步

取出垂直尾翼,如下图将垂直尾翼插入水平翼身,注意将垂直翼身前端的两个榫头卡进水平机身。

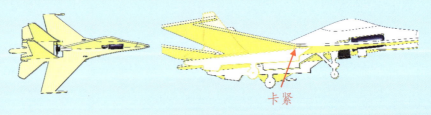

卡紧

第6步

安装完成,检查机翼是否有扭曲,再仔细检查飞机机身,包括线路,就可以去试飞啦!

模型试飞

腰推式电动战斗机与背推式电动战斗机的飞行步骤和调试方法一样,这里不再重复。充电时注意用手捏住充电位置,防止充电接口脱焊损坏。尝试挑战战斗机的特技飞行动作。

充电位置及手势

抛飞手势

调整飞行的俯仰角度

调整飞行的偏航角度

调整飞机的滚转角度

飞行记录

1.记录充电时间和飞行时间,根据飞行的情况对飞机进行调整并记录调整措施。

表7-1　飞行记录表

飞行次数	充电时间	飞行时间	调整措施
1			
2			
3			
4			
5			
6			

2.探究:在调整偏航角度时,双垂直尾翼飞机的两个垂直尾翼需要同时调整吗?

知识拓展

电机转速与螺旋桨的选择

大家都知道,不同的电机,它的旋转速度是不一样的。在相同的电压下,高转速的电机每分钟可以达到几万转,而慢速的电机每分钟可能只有几百转。那不同转速的电机都采用相同尺寸的螺旋桨吗? 答案显然是否定的。

高速电机配小尺寸的螺旋桨

举个例子,学校里举行挖沙比赛,比谁在相同的时间内挖的沙最多。一位力气小但很麻利的同学和一位力气大但动作缓慢的同学参加比赛,他们最后谁会胜利呢? 比赛开始了,教练提供了两种挖沙的铲子,一个大,一个小,他俩经过观察,很快拿到了适合自己的铲子。五分钟的比赛时间很快过去了,当教练过来测量结果时,发现两人挖到了差不多的沙子。真是太神奇了,这是为什么呢? 原来那位力气小但很麻利的同学选择了一把小铲子,虽然他每次挖得少,但是他的频率高。而那位力气大但动作缓慢的同学选择了一把大铲子,虽然他挖沙的频率很慢,但每次挖的量多,所以比赛结束后,他们居然挖到了差不多的沙子。

在为不同转速的电机配备螺旋桨时也是一样的道理,当我们的飞机需要差不多的动力时,电机就好像上面比赛中的同学,而铲子就是螺旋桨。当我们使用高转速的电机时,就选择小尺寸的螺旋桨;而当我们使用低转速的电机时,就可以选择大尺寸的螺旋桨。还记得本书中的电动自由飞使用了多少转速的电机吗? 那么应该选择什么样的螺旋桨呢?

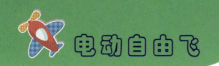

模型八 尾推式电动战斗机

教练，今天我们要制作什么电动战斗机呢？

哈哈，不要着急！还是先提一个问题。请问大家，现代战斗机的发动机都安装在飞机的什么位置呢？

除了垂直起降的战斗机，现代战斗机的发动机基本上内置在战斗机的尾部，采用喷气式的，还有双发的。

是的，现代战斗机采用喷气式发动机，向后喷气产生推力，基本上内置在飞机的尾部。

今天我们要制作一架发动机安装在飞机尾部的电动自由飞模型飞机吗？

是的，今天我们就来制作一架依照现代战斗机布局方式的电动自由飞战斗机。它采用尾推式，不过先学习的是螺旋桨尾推式战斗机，等以后有机会再接触喷气式飞机！

太棒了，那我们开始吧！

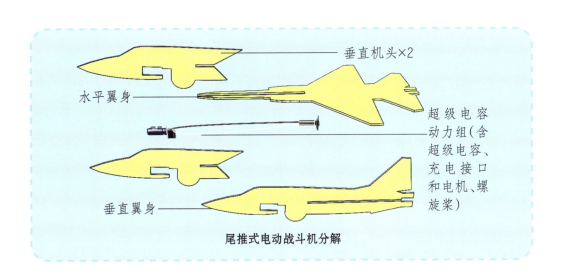

尾推式电动战斗机分解

 模型制作

第1步

取出两片垂直机头,如下图在对称面上均匀涂抹泡沫胶,图中红色框线内区域一定要涂抹。

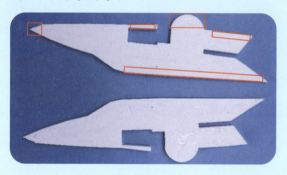

第2步

如下图将涂抹好的两片垂直机头对称地贴在垂直翼身的两边,注意快速将三片机身调整对齐。

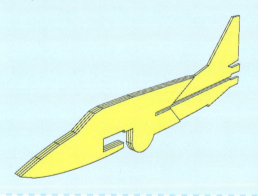

第3步

　　取出水平翼身,如下图将水平翼身与组装好的垂直翼身交叉拼接好,并在机头接缝处滴入微量502胶水粘接固定。

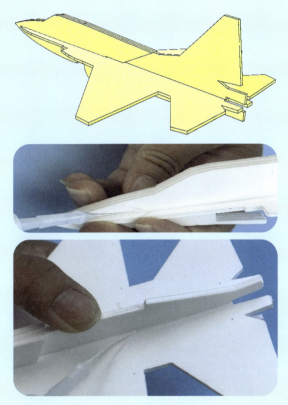

第4步

　　取出超级电容动力组,如下图将电容动力组和充电接口塞进垂直翼身的卡槽内,再将电机卡进机尾的电机座内,注意将电机线捋顺,不要交叉,不要用力拉扯。

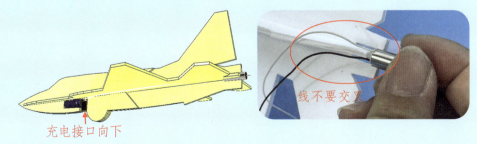

充电接口向下

线不要交叉

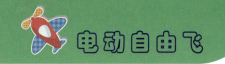

第5步

如下图用一小段纸胶带将电容动力组在垂直机身上粘紧固定,并向电机座的卡槽缝内滴入微量502胶水,注意胶水不要渗入电机内部。

第6步

取出螺旋桨,如下图将螺旋桨有字的一面朝向前方,卡进电机轴。

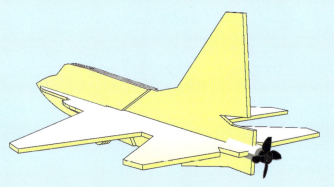

第7步

安装完成,检查机翼是否扭曲,再仔细检查飞机机身,包括线路,就可以去试飞啦!

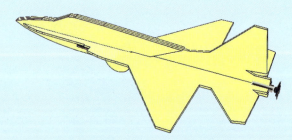

模型试飞

　　尾推式电动战斗机与前两架战斗机的飞行步骤和调试方法一样，这里不再重复。注意充电时用手捏住充电位置，防止充电接口脱焊损坏。尝试挑战战斗机的特技飞行动作。

充电位置及手势

抛飞手势

调整飞行的滚转角度

调整飞行的俯仰角度

调整飞行的偏航角度

给机头配重，使平飞效果更好

飞行记录

1.记录充电时间和飞行时间,根据飞行的情况对飞机进行调整并记录调整措施。

表8-1　飞行记录表

飞行次数	充电时间	飞行时间	调整措施
1			
2			
3			
4			
5			
6			

2.探究:尾推式电动战斗机的重心是前移了还是后移了?

知识拓展

世界上最小的飞机

世界上最小的飞机有一个可爱的名字——蟋蟀机。蟋蟀机是一种微型飞机,由法国工程师 Michael Colomban 设计。这款微型飞机的重量只有75千克,高1.2米。

尽管尺寸小,蟋蟀机仍具备基本的飞行功能,包括起飞、飞行和降落。它代表了微型飞机技术的一项重要成就,展示了微型飞机的潜力,并在航空工程和创新设计领域具有重要意义。

蟋蟀机